El Código Creativo

Cómo la Física Cuántica Desbloquea el Potencial de Nuestro Cerebro

Kendir Ramiz

El Código Creativo: Cómo la Física Cuántica Desbloquea el Potencial de Nuestro Cerebro

INTRODUCCIÓN

Aquí estamos. Mientras lees estas palabras, probablemente nunca hayas reflexionado tanto sobre el término "cuántico". Tal vez la palabra evoque imágenes de fórmulas complejas, batas de laboratorio y un mundo alejado de tu vida cotidiana. Incluso podrías tener razón. Pero déjame contarte algo; yo solía pensar igual, hasta que di un paso hacia este enigmático mundo.

Kendir Ramiz

Este libro es un reflejo de mi viaje personal: una mente curiosa que intenta descubrir las conexiones invisibles entre nuestros cerebros y el universo. La física cuántica, a primera vista, puede parecer un campo complejo al que solo tienen acceso los científicos. Pero en realidad, sus reglas podrían estar profundamente entrelazadas con nuestro mundo interior: nuestras mentes. En este viaje, con la guía de la ciencia y nuestras propias experiencias, intentaremos revelar estas conexiones.

Recuerda, cada viaje comienza con un solo paso, y ese paso se puede dar en cualquier lugar donde palpite un corazón curioso.

Quizás la herramienta más importante en este viaje sea cuestionar. Cuestionar lo que sabemos y lo que no sabemos en cada momento de nuestras vidas, como un signo de interrogación. Porque no existe tal cosa como "aceptar todo tal como es". En este libro, más que darte las respuestas, mi objetivo es hacerte preguntas.

El Código Creativo: Cómo la Física Cuántica Desbloquea el Potencial de Nuestro Cerebro

¿Por qué pensamos de esta manera? ¿Por qué nos comportamos así? ¿Qué sabemos realmente y cuánto de ello es desconocido? Si bien la física cuántica podría no proporcionar respuestas concretas, sí nos brinda la oportunidad de cambiar nuestra forma de pensar y de obtener nuevas perspectivas. Evaluaremos todo lo que sabemos y no sabemos, superaremos los límites y zarparemos juntos hacia nuevos descubrimientos.

Si has llegado hasta aquí, probablemente seas alguien que no quiere verse limitado, como yo, ¿verdad? El potencial humano es tan ilimitado e inexplorado como el universo. En este libro, al explorar las conexiones entre la física cuántica y cómo funcionan nuestros cerebros, buscaremos pistas para desbloquear este potencial.

Tal vez la creatividad no sea un don que solo tienen algunas personas, sino un poder latente dentro de todos nosotros, esperando a ser despertado. Tal vez los misterios del mundo cuántico guarden las claves para desbloquear este poder. Tal vez, cada uno de nosotros, sea un ser único y creativo que supera todos los límites. Este libro será un viaje en busca de estos "tal vez".

"Cuántico", como dije, es un término que puede ser difícil de entender para mucha gente. Pero no te preocupes; no te abrumaré con fórmulas y expresiones matemáticas complejas. En lugar de eso, intentaré explicar los conceptos básicos del mundo cuántico en un lenguaje accesible, con ejemplos de nuestra vida cotidiana.

Superposición, entrelazamiento, incertidumbre cuántica... Estas palabras podrían sonar extrañas al principio, pero créeme, cuando las entiendas, obtendrás una perspectiva completamente nueva de cómo funcionan el universo y nuestros cerebros. Será como si se abriera una puerta a un mundo invisible y, al cruzar esa puerta, todo adquiriera un significado diferente.

La física cuántica es una rama de la ciencia que nos hace cuestionar todo lo que sabemos. Y tal vez ese sea su aspecto más hermoso. Descubrir que el universo es mucho más peculiar, complejo y misterioso de lo que imaginábamos... Tal vez lo que llamamos "realidad" sea solo un reflejo de nuestras propias percepciones.

En este libro, saldremos de lo ordinario, nos alejaremos de nuestra zona de confort y encontraremos nuevas ideas. Tal vez, al final de este viaje, encontremos la oportunidad de entendernos mejor a nosotros mismos y al mundo.

La física cuántica puede ofrecer algunas pistas sobre cómo funcionan nuestros cerebros. Tal vez nuestros pensamientos, emociones y conciencia estén estrechamente relacionados con las reglas del mundo cuántico. Cuando desentrañemos estas conexiones, podremos comprender el potencial humano a un nivel más profundo.

Para mí, esto no es solo un descubrimiento científico, sino también un viaje de autodescubrimiento. Y te invito a unirte a mí en este viaje.

La creatividad siempre ha sido objeto de asombro a lo largo de la historia de la humanidad. Artistas, científicos, inventores... todos han cambiado el mundo utilizando su creatividad. Entonces, ¿cuál es la fuente de la creatividad? ¿De dónde viene esta inspiración?

La neurociencia demuestra que la creatividad está conectada a las redes neuronales del cerebro. Pero tal vez los efectos cuánticos jueguen un papel en cómo operan estas redes. Tal vez la creatividad, como el mundo cuántico, sea un poco misteriosa, un poco peculiar.

Tal vez, todos nosotros tengamos un potencial creativo ilimitado. Tal vez, la clave para desbloquear este potencial sea comprender cómo funcionan nuestros cerebros. La física cuántica puede ofrecer nuevas perspectivas a este respecto.

En este libro, intentaremos descubrir cómo florece la creatividad en nuestras mentes y qué papel juegan los

El Código Creativo: Cómo la Física Cuántica Desbloquea el Potencial de Nuestro Cerebro

efectos cuánticos en este proceso. Tal vez podamos despertar al creador que vive dentro de nosotros.

La física cuántica nos permite liberarnos de nuestros patrones de pensamiento. Tal vez, para mejorar nuestra creatividad, debamos remodelar nuestros pensamientos con las reglas del mundo cuántico.

Tal vez la clave de la creatividad sea superar nuestros límites de pensamiento. Y la física cuántica puede ofrecernos esta clave. Este libro será un espacio donde podamos romper nuestros patrones de pensamiento, descubrir nuevas formas y liberar nuestra creatividad.

Kendir Ramiz

La Génesis Cuántica de la Computación

La historia de la computación, en muchos sentidos, es un espejo que refleja nuestro propio viaje intelectual: un intento constante de comprender y controlar el mundo que nos rodea. Durante siglos, nos ha cautivado la idea de construir herramientas que puedan procesar información, resolver problemas complejos e incluso imitar nuestros propios procesos de pensamiento. Esta ambición nos llevó a la computación clásica, construida sobre el lenguaje aparentemente simple de los bits: esos 0 y 1 fundamentales que han dado forma al mundo digital tal como lo conocemos. Estos bits, que actúan como interruptores que están encendidos o apagados, son los bloques de construcción de todo, desde el teléfono inteligente en tu bolsillo hasta los enormes centros de datos que alimentan Internet. Es una lógica sencilla, confiable y, sin embargo, en un sentido muy real, limitante.

El Código Creativo: Cómo la Física Cuántica Desbloquea el Potencial de Nuestro Cerebro

Las limitaciones de este enfoque clásico se hacen particularmente evidentes cuando nos aventuramos a imitar las complejidades del mundo natural. Imagina intentar simular la intrincada danza de las moléculas durante una reacción química, o el proceso de plegado de una proteína, un proceso que guarda la clave de gran parte de la biología que nos rodea. Estas no son simples opciones binarias; son sistemas dinámicos donde las posibilidades abundan simultáneamente, donde el simple encendido o apagado de un bit no es suficiente. Es como si hubiéramos estado usando un martillo cuando realmente necesitamos un bisturí y un telescopio. Nuestras computadoras clásicas, con todo su poder, se han topado con un muro muy real.

Y es precisamente esta limitación la que nos lleva al ámbito de la computación cuántica, un tipo de cálculo completamente diferente que se basa en las leyes extrañas, contraintuitivas e increíblemente hermosas que rigen el mundo subatómico. La computación cuántica no es simplemente una extensión de nuestras máquinas clásicas; es una desviación: una forma de calcular basada en las reglas subyacentes de nuestra realidad misma. Aquí es donde comenzamos a encontrar los conceptos extraños y, para ser honesto, algo alucinantes del mundo cuántico.

En el corazón de esta revolución se encuentra el cúbit, el bit cuántico. A diferencia de su contraparte clásica, el cúbit no se limita a ser un 0 o un 1. Puede existir en un estado de superposición, donde es tanto un 0 como un 1 simultáneamente. Es como si tuvieras una moneda girando en el aire, aún sin ser cara ni cruz, sino ambas al mismo tiempo. Esto podría sonar extraño y contraintuitivo, y no te equivocarías al sentirlo de esta manera. Esta superposición no es una peculiaridad del mundo subatómico; es la fuente misma del poder que las computadoras cuánticas están destinadas a aprovechar. En lugar de trabajar en las posibles soluciones una tras otra, como lo hacen las computadoras clásicas, una computadora cuántica, en virtud de este estado, puede explorar múltiples posibilidades simultáneamente. Esto acelera

El Código Creativo: Cómo la Física Cuántica Desbloquea el Potencial de Nuestro Cerebro

drásticamente los cálculos, permitiéndonos abordar problemas que son intratables incluso para las computadoras clásicas más potentes.

Pero, ¿cómo funciona este extraño estado? Todo se basa en los principios fundamentales de la mecánica cuántica, una teoría que rige el ámbito de los átomos y las partículas subatómicas. Es un reino donde las reglas de nuestras experiencias cotidianas se rompen, reemplazadas por un conjunto de reglas que pueden parecer contradictorias e incluso fantásticas. Fue este mismo reino el que inspiró al gran físico Richard Feynman a proponer, en la década de 1980, que necesitábamos construir máquinas que simularan sistemas cuánticos utilizando principios cuánticos. Se dio cuenta de que, si la naturaleza opera utilizando la mecánica cuántica, entonces la forma más eficiente de entender la naturaleza sería crear computadoras que utilizaran la mecánica cuántica en sí mismas. Fue una idea revolucionaria, y sentó las bases de lo que ahora estamos comenzando a comprender. (Referencia:

Kendir Ramiz

Feynman, R. P. (1982). Simulating physics with computers.)

Otro aspecto muy extraño del mundo cuántico que las computadoras cuánticas buscan aprovechar es el entrelazamiento. Los cúbits entrelazados son como dos monedas que están de alguna manera correlacionadas de una manera muy extraña. Cuando mides el estado de una, instantáneamente conoces el estado de la otra, sin importar lo lejos que estén. No se debe a una conexión física o a que la información viaje más rápido que la velocidad de la luz. Es la naturaleza misma de la forma en que estos dos cúbits existen y se describen, como uno solo. El mismo Einstein llamó a esto la "acción fantasmal a distancia", luchando con la idea de que medir un objeto pudiera afectar instantáneamente a otro, sin importar lo lejos que estuviera. Sin embargo, a pesar de su incomodidad, ahora es una parte bien establecida del mundo cuántico, y una que podemos usar en nuestro beneficio.

El Código Creativo: Cómo la Física Cuántica Desbloquea el Potencial de Nuestro Cerebro

El proceso real de construcción de una computadora cuántica es, en realidad, un desafío increíble, que requiere un grado de precisión que es casi imposible de comprender para nuestras mentes humanas. Estas máquinas deben enfriarse a temperaturas más frías que el espacio exterior y son susceptibles a pequeñas perturbaciones y fluctuaciones en su entorno, lo que provoca errores que pueden hacer que sus cálculos no tengan sentido. Imagina intentar construir un castillo de arena perfectamente equilibrado en una playa donde cada ola pudiera destruirlo, y tendrás una imagen del desafío por el que están pasando estos científicos. A pesar de estos desafíos, el progreso continúa. Gigantes tecnológicos como Google, IBM y un gran número de grupos de investigación están trabajando incansablemente para hacer realidad la idea de una computadora cuántica en pleno funcionamiento.

¿Estamos al borde de una nueva era en la que nuestras viejas computadoras queden obsoletas? No del todo, al menos no de la manera en que podrías imaginar. Para las tareas cotidianas a las que nos enfrentamos, como navegar por Internet, escribir un documento o ver un video, nuestras computadoras clásicas actuales seguirán siendo perfectamente adecuadas. En los próximos años, la verdadera promesa de las computadoras cuánticas estará en aquellas áreas que necesitan una gran potencia computacional, como el desarrollo de nuevos medicamentos, el descubrimiento de nuevos materiales, la optimización de sistemas complejos, etc. Y es dentro de este ámbito de grandes posibilidades, donde las conexiones potenciales entre la mecánica cuántica y nuestro propio proceso creativo se hacen visibles. Es aquí donde nuestro viaje para comprender el código creativo dentro de nuestros cerebros realmente comenzará.

El Código Creativo: Cómo la Física Cuántica Desbloquea el Potencial de Nuestro Cerebro

Ecos de lo Cuántico en la Mente

La idea de que el cerebro humano, ese órgano increíblemente complejo y misterioso que reside dentro de nuestros cráneos, podría tener una dimensión cuántica, es un pensamiento que ha cautivado mi mente y, sospecho, las mentes de muchos otros a lo largo de la historia. Durante siglos, hemos intentado comprender el funcionamiento interno del cerebro, utilizando las herramientas de la biología, la psicología y la neurociencia. Hemos cartografiado las vías neuronales, identificado los neurotransmisores y categorizado varias funciones cognitivas. Sin embargo, a pesar de todo este progreso, sigue existiendo la sensación de que no hemos captado el panorama completo, de que falta alguna pieza esencial del rompecabezas. Es como si hubiéramos descrito una hermosa sinfonía solo anotando todos los instrumentos y sus ubicaciones dentro de una orquesta. Todavía estamos buscando esa clave que pueda desbloquear nuestra comprensión de cómo estos elementos dan lugar a algo tan asombroso y misterioso como la conciencia y la experiencia de ser un humano.

Esto nos lleva a la pregunta que me ha estado rondando por la cabeza desde hace un tiempo: si el universo mismo opera según principios cuánticos, ¿podría ser que nuestros cerebros, que son una parte muy importante del universo, también exhiban algún comportamiento cuántico? Es una pregunta que podría parecer descabellada al principio, tal vez incluso un poco demasiado fantástica. Pero cuando consideras la extrañeza del ámbito cuántico y los misterios aún sin resolver del cerebro, no parece irrazonable considerarlo. Por ahora, la evidencia es sugestiva, y tal vez circunstancial. Pero creo que las conexiones son demasiado intrigantes como para descartarlas simplemente.

El Código Creativo: Cómo la Física Cuántica Desbloquea el Potencial de Nuestro Cerebro

El cerebro humano, esta magnífica red de aproximadamente 86 mil millones de neuronas, cada una conectada a miles de otras neuronas, es un sistema que empequeñece en complejidad cualquier cosa que hayamos podido crear nosotros mismos. (Es fascinante pensar en la cantidad de mentes humanas que se necesitaron para crear incluso una simple calculadora, pero todas esas mentes humanas juntas nunca se acercarían a la cantidad de datos procesados por una sola mente humana en una fracción de segundo). Estas neuronas, que disparan señales eléctricas y químicas, crean la base de nuestros pensamientos, emociones, recuerdos y nuestro propio sentido del ser. Sin embargo, ¿cómo estas innumerables interacciones, estas pequeñas chispas de actividad, dan lugar a nuestra experiencia del mundo, a nuestra conciencia y a nuestra capacidad de crear? Estas preguntas han desafiado a científicos y filósofos por igual durante siglos, y es ahí donde la idea de un cerebro cuántico comienza a parecer una posibilidad.

Kendir Ramiz

Nuestra visión tradicional del cerebro, al igual que nuestra visión del universo antes del descubrimiento de la mecánica cuántica, está arraigada en lo clásico, lo determinista y lo predecible. Hemos visto el cerebro como una especie de computadora biológica, una máquina compleja que procesa información de una manera similar, pero mucho más compleja, a las computadoras digitales a las que estamos tan acostumbrados. Esta visión clásica puede ser válida cuando se trata de explicar una determinada gama de procesos en el cerebro. Sin embargo, podría ser este punto de vista limitado el que nos impida comprender las habilidades más únicas y misteriosas del cerebro. Es como si hubiéramos estado tratando de entender la inmensidad del océano con solo mirar un pequeño estanque.

Tal vez hemos sido demasiado rápidos al descartar la posibilidad de que los fenómenos cuánticos, que ahora se sabe que son una parte clave de la naturaleza en su nivel más fundamental, puedan desempeñar un papel en el funcionamiento del cerebro. No es que queramos abandonar todo lo que hemos aprendido, todos esos datos sólidos. Sin embargo, podría ser que los misterios de nuestras mentes, la fuente misma de nuestra creatividad, requieran que vayamos más allá y exploremos estas nuevas posibilidades, que examinemos nuestro cerebro bajo una luz diferente. Un área donde realmente hemos visto fenómenos cuánticos que influyen en los procesos biológicos es la fotosíntesis. Las plantas, como sabemos, utilizan la energía de la luz solar para crear los azúcares que les permiten vivir, y lo que los científicos han descubierto es que lo hacen con un proceso que hace uso de la superposición cuántica.

Las plantas utilizan el efecto cuántico de la superposición para explorar todos los posibles caminos de energía simultáneamente, maximizando el proceso de conversión de la luz en energía química.
(Referencia: Engel, G. S., et al. (2007). Evidence for wavelike energy transfer through quantum coherence in photosynthetic systems.) Esta increíble eficiencia es posible gracias a los principios cuánticos. Piénsalo por

un momento, incluso las plantas utilizan este principio extraño, peculiar pero increíblemente útil en la naturaleza. Si las plantas pueden usar efectos cuánticos, ¿por qué no el cerebro? ¿Tal vez simplemente no hemos encontrado todavía la evidencia para mostrar cómo y cuándo el cerebro los usa? ¿O tal vez simplemente no estamos viendo los efectos cuánticos porque nuestras herramientas y modelos están demasiado limitados por nuestra visión clásica y determinista del mundo?

Si las plantas, en su silencio, están usando la superposición, ¿podrían nuestros cerebros estar haciendo algo similar en sus operaciones complejas? Las conexiones entre las neuronas, la danza constante de señales eléctricas, la interacción de los neurotransmisores; tal vez es demasiado rápido por nuestra parte asumir que estas interacciones son puramente clásicas por naturaleza. Nuestras herramientas actuales de neurociencia, aunque poderosas, están limitadas y es posible que simplemente estemos perdiendo esa pieza esencial del

El Código Creativo: Cómo la Física Cuántica Desbloquea el Potencial de Nuestro Cerebro

rompecabezas. El acto mismo de la conciencia, esa sensación de estar "aquí" en el mundo, se ha resistido a todos los intentos de ser comprendida desde una perspectiva puramente clásica. Ha seguido siendo una de las preguntas más desafiantes para la ciencia. Tal vez la razón por la que estamos luchando es simplemente porque no estamos usando las herramientas adecuadas. Quizás necesitemos incluir e incorporar los principios del mundo cuántico para comprender plenamente cómo funcionan nuestros cerebros.

Y no se trata solo de la conciencia. ¿Qué hay de la creatividad? La capacidad de generar nuevas ideas, de crear arte, de inventar nuevas tecnologías, todo esto proviene de una capacidad de pensar de formas novedosas. Estos momentos de creatividad, estos repentinos estallidos de intuición, ¿surgen de un cerebro puramente clásico? ¿O están de alguna manera influenciados por las leyes más sutiles, casi invisibles, de la física cuántica? Es en estos momentos de ideas repentinas, impredecibles y aparentemente espontáneas que me pregunto sobre las conexiones entre la mecánica cuántica y la mente humana.

Tal vez nuestros cerebros, en esos momentos de pensamiento profundo y creatividad, estén actuando un poco como una computadora cuántica, explorando múltiples posibilidades simultáneamente, antes de establecerse en una sola solución novedosa. Tal vez sea por eso que las ideas creativas a menudo parecen surgir de la nada, de lo inesperado, de los mismos límites de nuestra conciencia. Se sienten extrañamente aleatorios, casi como si lanzaran una moneda al aire, pero en realidad, podría haber algo más de lo que parece. Estas ideas podrían parecer descabelladas, por supuesto. Lo entiendo.

Sin embargo, la ciencia siempre se ha tratado de explorar lo desconocido. Se trata de cuestionar nuestras suposiciones, buscar diferentes ángulos y atrevernos a desafiar el statu quo. La idea de un cerebro cuántico, entonces, no se trata de negar todo lo que hemos aprendido sobre el cerebro hasta ahora. Más bien, se

El Código Creativo: Cómo la Física Cuántica Desbloquea el Potencial de Nuestro Cerebro

trata de ver si los principios de la mecánica cuántica pueden ofrecer nuevas y potencialmente poderosas herramientas e ideas para comprender algunos de los misterios más profundos del cerebro y, posiblemente, para comprender la fuente de la creatividad humana misma. Es a través de esta exploración que creo que podemos comenzar a desbloquear verdaderamente la naturaleza de la mente humana, e incluso nuestro lugar en el universo mismo.

Kendir Ramiz

El Código Creativo: Exploraciones Cuánticas

La idea de que el cerebro humano podría albergar una dimensión cuántica no es solo un ejercicio académico, una reflexión teórica para discusiones nocturnas en bibliotecas silenciosas. Es una idea que se vuelve particularmente convincente cuando comenzamos a lidiar con la naturaleza de la creatividad misma. El cerebro, como hemos establecido, no es simplemente un receptor pasivo de información. También es una potencia de la imaginación, un generador de ideas novedosas, un lienzo donde el espíritu humano expresa sus anhelos y visiones más profundos. Me encuentro volviendo continuamente a esta idea: ¿podría ser que la cualidad impredecible, sorprendente, casi mágica de la creatividad sea, al menos en parte, el resultado de que el cerebro explore un espectro de posibilidades a través de la lente de la mecánica cuántica?

El Código Creativo: Cómo la Física Cuántica Desbloquea el Potencial de Nuestro Cerebro

Piensa en esos momentos de inspiración repentina, esos destellos de intuición que a menudo parecen surgir de la nada. Podrías estar caminando por la calle, o duchándote, o simplemente sentado en silencio, y de repente, una nueva idea aparece en tu mente, aparentemente completamente formada. Esta experiencia es algo que la mayoría de la gente ha tenido, y siempre ha parecido algo que está más allá de nuestra comprensión humana normal. La neurociencia tradicional tiende a describir estos eventos como resultado de que las neuronas se activan de manera nueva y única. Diferentes regiones del cerebro comienzan a comunicarse de manera única, se establecen nuevas conexiones y se fortalecen las anteriores. Es como si se estuviera tocando una sinfonía única y novedosa. Si bien esta explicación clásica es válida para gran parte de la actividad del cerebro, debemos permitirnos explorar si hay elementos cuánticos en juego en estos momentos.

Sin embargo, ¿qué pasa si hay más en estos momentos que solo las neuronas activándose? ¿Qué pasa si nuestros cerebros, a un nivel subyacente y sutil, también actúan como sistemas cuánticos, explorando múltiples posibilidades simultáneamente, como los cúbits en una computadora cuántica, antes de converger en una sola solución novedosa? Así como un sistema cuántico puede existir en múltiples estados a la vez, antes de colapsar en un estado, tal vez nuestro proceso creativo también usa un enfoque similar, explorando ideas y conceptos de muchas maneras diferentes, hasta que surge una solución clara. ¿Y qué pasa si algunas de estas posibilidades, aquellas que conducen a la mayor creatividad, son las más influenciadas por las fluctuaciones y las probabilidades cuánticas?

El acto mismo de la creación parece tan increíblemente no lineal, a diferencia de las acciones y los procesos de pensamiento más predecibles que ocupan la mayor parte de nuestra vida diaria. Podríamos tener un problema frente a nosotros, intentar resolverlo de una

El Código Creativo: Cómo la Física Cuántica Desbloquea el Potencial de Nuestro Cerebro

manera y luego de otra. Pero luego, de la nada, surge una idea que resuelve el problema de maneras que no podríamos haber imaginado antes. Es como si, en estos momentos, nuestras mentes estuvieran haciendo uso de un tipo diferente de lógica, una que es más fluida, más inesperada, más parecida al extraño mundo de la mecánica cuántica.

Tal vez, durante estos momentos, nuestros cerebros no solo consideren una posibilidad, un pensamiento a la vez. Quizás el cerebro utiliza múltiples vías de pensamiento simultáneamente, explorando ideas y conceptos de muchas maneras diferentes al mismo tiempo, hasta que aparece una solución o creación clara y a menudo inesperada. Y tal vez, es esta capacidad cuántica de considerar simultáneamente muchas posibilidades lo que explica la capacidad humana para generar una diversidad tan increíble en el arte, la ciencia y la tecnología.

Me pregunto si quizás el paralelismo más sorprendente entre el mundo cuántico y nuestro proceso creativo es el papel crucial de la incertidumbre. El principio de la mecánica cuántica es que existen límites reales y fundamentales a lo que podemos saber en un momento dado. El principio de incertidumbre de Heisenberg, que describe cómo la posición y el momento de una partícula subatómica no se pueden determinar con gran precisión, es un ejemplo clásico de esto. ¿Qué pasa si este concepto de incertidumbre, de los límites inherentes a lo que sabemos, no es solo un principio físico, sino también un componente clave en nuestro proceso creativo?

¿Podría ser que el proceso creativo solo sea posible cuando permitimos que nuestras mentes operen en un reino de incertidumbre? ¿Que la creatividad proviene de nuestra capacidad de ir más allá del statu quo, de explorar territorios nuevos e inexplorados y de desafiar lo que ya sabemos? ¿Podría ser que nuestros momentos de mayor perspicacia lleguen cuando nuestras mentes dejan ir el deseo de una certeza total y, en cambio, se permiten explorar lo desconocido, para permitir que surjan nuevas posibilidades?

El Código Creativo: Cómo la Física Cuántica Desbloquea el Potencial de Nuestro Cerebro

Esto me hace pensar en aquellos momentos en los que los artistas, cuando se enfrentan a un lienzo en blanco, no siempre tienen un plan claro o una imagen completamente formada de lo que quieren crear. En cambio, permiten que el lienzo, los colores y el acto mismo de crear los guíen, dejando que la obra de arte surja, casi como por sí sola. Y no puedo evitar preguntarme si también están aprovechando una especie de incertidumbre cuántica que les permite liberarse de sus propias expectativas, permitiendo que florezca el potencial creativo de su cerebro. Tal vez, solo somos creativos cuando dejamos que nuestros cerebros y nuestras mentes operen en el espacio de la incertidumbre.

Cuando piensas en la historia de la ciencia y la tecnología, a menudo son aquellos individuos que se han atrevido a cuestionar los principios fundamentales de su tiempo, los que han realizado los descubrimientos más importantes. Estos fueron científicos e ingenieros que no tenían miedo de la incertidumbre, sino que utilizaron su voluntad de explorar lo desconocido para alimentar su curiosidad.

Estas preguntas y conocimientos me llevan a considerar si hay un código oculto, una estructura subyacente, para nuestra creatividad. Sabemos que el ADN contiene el código para nuestra estructura biológica. Pero, ¿y si también hubiera un código oculto para nuestras mentes, nuestra imaginación y nuestra creatividad? Y si ese es el caso, ¿podría ser que este código oculto esté de alguna manera conectado con el mundo extraño, contraintuitivo y profundamente hermoso de la mecánica cuántica?

La idea de que los principios cuánticos podrían estar en juego en nuestro proceso creativo es, por supuesto, muy especulativa. Y aunque no tenemos las respuestas, sí nos proporciona una nueva lente a través de la cual examinar algunas de las preguntas de larga data que tenemos con respecto a cómo funcionan nuestros cerebros, cómo surge nuestra creatividad y la naturaleza misma de nuestra conciencia.

El Código Creativo: Cómo la Física Cuántica Desbloquea el Potencial de Nuestro Cerebro

Esta exploración también me lleva a preguntarme si una comprensión más profunda del potencial de nuestro cerebro también requiere una familiaridad más íntima con el mundo cuántico. Tal vez para liberar nuestro propio potencial creativo, necesitamos comprender mejor el ámbito cuántico y utilizar estos conocimientos para cambiar la forma en que nos vemos a nosotros mismos y la forma en que pensamos sobre cómo funcionan nuestras mentes.

Estamos al comienzo de un viaje que bien podría cambiar la forma en que nos vemos a nosotros mismos. Pero como con todos los grandes viajes, hay un grado de riesgo, pero lo que es más importante, una increíble cantidad de posibilidad y potencial que podría transformar enormemente la forma en que nos vemos a nosotros mismos y al mundo que nos rodea. Es en este contexto que debemos permitirnos explorar estas nuevas posibilidades con una sensación de asombro y, con suerte, en el camino, descubrir algunas verdades realmente notables sobre nosotros mismos, nuestro

potencial y la naturaleza misma de la realidad.
(Referencia: Kounios, J., & Beeman, M. (2014). The cognitive neuroscience of insight.)

Es en este contexto que el acto mismo de explorar la naturaleza cuántica de nuestras mentes puede convertirse en un acto de creatividad, ya que nos abre a nuevas posibilidades y nuevas formas de vernos a nosotros mismos y a nuestro potencial creativo.

El Código Creativo: Cómo la Física Cuántica Desbloquea el Potencial de Nuestro Cerebro

La Sinfonía Cuántica de los Sentidos

La exploración del cerebro cuántico no es simplemente un ejercicio intelectual abstracto; es un viaje que desafía fundamentalmente nuestra comprensión de lo que significa ser humano, cómo experimentamos el mundo y de dónde se origina nuestra chispa creativa. Hasta este punto, hemos explorado la posibilidad de que los principios cuánticos estén jugando un papel crucial en el cerebro, permitiendo que nuestras mentes realicen cálculos que no son posibles bajo las reglas de la física clásica. Pero estas son principalmente consideraciones teóricas. Pero, ¿qué pasa con nuestra experiencia real? ¿Cómo interactúa nuestra experiencia de la realidad misma con el ámbito cuántico? Estas son preguntas que van mucho más allá de nuestras preocupaciones científicas y filosóficas habituales.

Kendir Ramiz

Es tentador pensar en los sentidos como simples dispositivos de entrada, que recopilan datos del mundo, que luego son procesados por el cerebro. Pero esta visión, aunque conveniente, parece casi reduccionista cuando se considera la gran complejidad de nuestras experiencias sensoriales. Considera la experiencia de escuchar música, ver una obra de arte o saborear una comida preparada por un ser querido. Estas experiencias no son simplemente una colección de datos. Son, en esencia, una sinfonía de elementos interconectados e interrelacionados que se unen para crear un sentimiento rico e inmersivo, y son estos ricos sentimientos los que consideramos la esencia del ser humano.

El cerebro no se limita a procesar datos sensoriales; los interpreta activamente, los moldea y los entrelaza con nuestras emociones, nuestros recuerdos y nuestras expectativas para crear una realidad subjetiva única. Lo que es verdad para una persona puede no ser verdad para otra, ya que cada uno de nuestros cerebros crea un tipo diferente de experiencia personal. Como la autora Anaïs Nin expresó maravillosamente: "No vemos las cosas como son, las vemos como somos nosotros." Esta cita encapsula perfectamente cómo nuestro estado interior da forma a nuestra percepción de la realidad. Es este elemento profundamente subjetivo de la experiencia lo que a menudo dificulta ver nuestra realidad desde la perspectiva de otro individuo. El acto mismo de sentir no es solo pasivo, sino que es una participación activa con el mundo, una danza que involucra tanto lo que está ahí fuera como lo que está dentro de nuestras mentes.

Aquí es donde la perspectiva cuántica se vuelve intrigante. La mecánica cuántica describe un mundo donde la observación misma puede influir en lo que se está observando. El ejemplo clásico es el famoso "experimento de la doble rendija", donde el comportamiento de los electrones cambia dependiendo de si intentamos o no observar su trayectoria. Esto sugiere que el observador y lo observado no están completamente separados; están entrelazados, interconectados de una manera muy profunda. Si el mundo subatómico opera bajo esta premisa, ¿qué pasa si nuestras mentes también están entrelazadas con la realidad que nos rodea, de modo que nuestra conciencia y conocimiento son un elemento esencial en cómo creamos e interactuamos con el mundo?

Esto me lleva a preguntarme, ¿podría ser que el acto mismo de sentir, de percibir el mundo, también esté influenciado por la mecánica cuántica? ¿Podría ser que la forma en que vemos los colores, escuchamos los sonidos o sentimos las texturas esté conectada con el mundo extraño y, a veces, contraintuitivo de la física cuántica? Si esto es cierto, entonces la experiencia de la percepción no es un proceso puramente pasivo y determinista. En cambio, es una interacción creativa entre nuestra conciencia y el mundo cuántico que nos rodea. Y esto significa que hay un elemento subjetivo muy importante en todas nuestras experiencias, que cada uno de nosotros es una parte activa en la creación del universo en el que existimos.

El Código Creativo: Cómo la Física Cuántica Desbloquea el Potencial de Nuestro Cerebro

Piensa en cómo los artistas, cuando están en su momento más creativo, parecen ser capaces de conectar con sus sentidos de maneras que son muy difíciles de entender para otros. Los músicos, por ejemplo, describen cómo, en momentos de inspiración, pueden escuchar una sinfonía de posibilidades en su mente, casi como si sus oídos estuvieran captando notas sutiles que no están disponibles para la persona promedio. Es como si su mente creativa estuviera accediendo de alguna manera a una gama más amplia de posibilidades de lo que está disponible en el mundo puramente clásico. ¿Podría esta mayor sensibilidad estar relacionada con una especie de afinación cuántica, una forma de sintonizar con las sutiles vibraciones y posibilidades inherentes al mundo cuántico?

Del mismo modo, los artistas visuales parecen ser capaces de ver el mundo bajo una luz completamente nueva, transformando escenas cotidianas en obras de arte que nos conmueven profundamente. Esta capacidad de ver más allá de la superficie, de percibir la interconexión de todo lo que nos rodea, siempre se ha considerado una capacidad específica de los individuos muy creativos. Pero, ¿y si esta capacidad estuviera disponible para todos nosotros, si tan solo pudiéramos aprender a aprovechar esa parte de nosotros mismos que es sensible a esta interconexión más profunda? ¿Qué pasa si nuestras mentes, en momentos de inspiración, aprovechan este reino cuántico?

Esto no sugiere que nuestras experiencias sean meras ilusiones, sino que el mundo que experimentamos es producto de una interacción creativa y continua entre lo que existe en el mundo exterior y lo que sucede en nuestras mentes. Y si la mecánica cuántica tiene un papel clave en esta interacción, entonces tal vez lo que estamos experimentando sea una sinfonía cuántica de los sentidos, una interacción rica y dinámica entre la realidad objetiva y nuestra percepción subjetiva. Como dijo el físico Niels Bohr, "Todo lo que llamamos real está hecho de cosas que no pueden considerarse reales". Esta declaración señala el hecho de que nuestras experiencias diarias se basan en principios más

El Código Creativo: Cómo la Física Cuántica Desbloquea el Potencial de Nuestro Cerebro

profundos que están más allá de nuestra comprensión cotidiana. Que debajo de la superficie de nuestras vidas diarias se encuentra un ámbito más profundo de la realidad que es tan mágico como misterioso.

Si esto es cierto, entonces el viaje para comprender nuestro potencial creativo no se trata solo de estudiar el cerebro como una máquina clásica, sino de explorar cómo nosotros, como observadores conscientes, estamos entrelazados con la naturaleza cuántica de la realidad. No somos receptores pasivos de datos, sino participantes activos en la danza de la creación, y en cada momento en que estamos despiertos, somos parte de esta creación continua y en constante evolución.

Y si el cerebro está interactuando con el mundo a través de la lente de la mecánica cuántica, esto tiene tremendas implicaciones no solo para la forma en que vemos el arte, sino para cómo interactuamos entre nosotros y la forma en que entendemos lo que significa ser humano. Significa que la chispa creativa no es solo un fenómeno localizado, una serie de señales eléctricas dentro de los confines de nuestros cráneos, sino una interacción mucho más amplia y compleja que está conectada con todo lo que nos rodea.

Significa que, al explorar la naturaleza cuántica de nuestras mentes, no solo podemos descubrir nuevas formas de mejorar nuestras habilidades creativas, sino también obtener una comprensión más profunda de cómo nuestras mentes participan activamente en la creación de nuestra experiencia de la realidad. Tal vez, nuestro viaje para comprender nuestro potencial creativo no sea más que un viaje para descubrir la naturaleza de nuestra conexión con el universo.

Y tal vez nuestras mentes, al igual que una computadora cuántica, sean capaces de explorar la multitud de posibilidades de experiencia en el reino cuántico, antes de colapsar en una sola solución novedosa y creativa. Esto, me parece, es una perspectiva verdaderamente asombrosa que cambia no solo la forma en que vemos la creatividad, sino también

El Código Creativo: Cómo la Física Cuántica Desbloquea el Potencial de Nuestro Cerebro

la forma en que nos vemos a nosotros mismos y al universo en el que vivimos.

Kendir Ramiz

El Tapiz Cuántico de la Memoria y la Imaginación

Si nuestros sentidos son los instrumentos a través de los cuales experimentamos el mundo, la memoria y la imaginación son el telar sobre el que tejemos nuestras realidades individuales. Recopilamos datos a través de nuestros ojos, oídos, tacto, gusto y olfato, como exploramos en el capítulo anterior. Pero es a través de nuestros recuerdos y nuestra capacidad de evocar imágenes, sonidos y emociones que no están presentes que reunimos estas experiencias para crear el rico y complejo tapiz de nuestras vidas. Y es dentro de este tapiz que nuestra capacidad para el pensamiento creativo realmente florece. Esto me lleva a una pregunta muy interesante: ¿podría ser que la mecánica cuántica, que puede ser un elemento clave en nuestra percepción, también sea esencial en nuestra capacidad de memoria e imaginación?

El Código Creativo: Cómo la Física Cuántica Desbloquea el Potencial de Nuestro Cerebro

La neurociencia tradicional ve la memoria como un proceso de almacenamiento y recuperación de información de las redes neuronales del cerebro. Ciertas vías se fortalecen con el tiempo, lo que nos permite recordar experiencias, hechos y habilidades. Nuestros recuerdos a menudo se ven como grabaciones que reproducimos cuando las necesitamos. Pero cualquiera que haya luchado por recordar algo, o que haya experimentado cómo cambia un recuerdo con el tiempo, sabrá que nuestros recuerdos no son tan fiables como una grabación. No son fijos, sino maleables y sujetos a cambios. Y es en esta falta de fiabilidad que creo que se revela la verdadera naturaleza de la memoria.

Asimismo, nuestra imaginación nos permite crear imágenes, ideas y escenarios que van más allá de nuestra experiencia directa del mundo. Es la capacidad de viajar a tierras lejanas en nuestra mente, de diseñar tecnologías que aún no existen y de crear arte que toca el centro mismo de nuestra humanidad. Y es a través de esta capacidad de imaginar que descubrimos posibilidades nuevas e inesperadas para nosotros mismos y el mundo que nos rodea. Como el célebre autor Terry Pratchett escribió acertadamente: "¿Por qué te vas? Para que puedas volver. Para que puedas ver el lugar de donde viniste con ojos nuevos y colores adicionales. Y la gente de allí te ve de manera diferente también. Regresar a donde comenzaste no es lo mismo que nunca irte". Esta cita destaca el poder transformador de la imaginación y cómo ver lo familiar desde una nueva perspectiva enriquece nuestra comprensión. Es nuestra capacidad de viajar en nuestras mentes lo que aporta una nueva perspectiva a nuestras vidas.

Pero si el cerebro es en efecto un sistema cuántico, como hemos propuesto, entonces la memoria y la imaginación se convierten en algo más que un simple proceso de recordar hechos o generar imágenes. Podría ser que la memoria opere no solo como un sistema de almacenamiento, sino como un campo cuántico dinámico donde las experiencias pasadas y el

El Código Creativo: Cómo la Física Cuántica Desbloquea el Potencial de Nuestro Cerebro

momento presente se unen, y son continuamente revisadas, reformadas y reinterpretadas. ¿Y si la imaginación es, de hecho, la capacidad de nuestras mentes para explorar un vasto e infinito paisaje de posibilidades dentro de este reino cuántico?

Considera por un momento la experiencia de recordar un recuerdo. No es como reproducir un video del pasado; a menudo nuestros recuerdos son reconstruidos, unidos a partir de fragmentos de información y moldeados por nuestras emociones y creencias presentes. Y tal vez esta reconstrucción no sea solo una función de los procesos clásicos dentro del cerebro, sino que quizás, en el acto de recordar, nuestras mentes se adentren en un campo cuántico de posibilidades, explorando diferentes versiones del pasado antes de decidirse por la que nos parece más real. Es como si nos adentráramos en el ámbito cuántico y eligiéramos una de las posibles realidades que hemos experimentado.

Kendir Ramiz

Del mismo modo, cuando usamos nuestra imaginación, cuando creamos nuevo arte o desarrollamos una nueva idea, ¿podría ser que nuestras mentes no solo generen nuevos pensamientos, sino que también exploren nuevas posibilidades dentro del reino cuántico? Es decir, ¿podría ser que nuestra capacidad de imaginar sea simplemente un reflejo de la capacidad del cerebro para interactuar con el mundo cuántico y que esta interacción nos permita crear ideas y experiencias completamente nuevas? Esto es muy similar a lo que hace una computadora cuántica, y por lo tanto, esto también me lleva a creer que la forma en que operan nuestros cerebros es quizás similar a la forma en que lo hacen las computadoras cuánticas.

El acto de creatividad, desde este punto de vista, se convierte en una especie de danza cuántica, una exploración continua tanto de nuestro pasado como de nuestro futuro potencial. Utilizamos nuestra memoria para aprovechar las experiencias pasadas y nuestra imaginación para generar otras nuevas, y cuando esto sucede, quizás nuestras mentes estén interactuando

El Código Creativo: Cómo la Física Cuántica Desbloquea el Potencial de Nuestro Cerebro

con el mundo cuántico y las posibilidades de lo que puede ser se vuelven infinitas. Esta interacción entre nuestros recuerdos y nuestra imaginación, cuando se ve desde una perspectiva cuántica, adquiere una nueva dimensión mucho más misteriosa.

Tal vez la razón por la que ciertos recuerdos parecen tan vívidos, tan emocionalmente resonantes, sea porque están asociados con estados cuánticos particulares, y cada vez que los recordamos, nuestras mentes utilizan la misma vía cuántica. Tal vez haya algunas combinaciones específicas de neuronas que crean un entrelazamiento cuántico, lo que hace que ciertos recuerdos sean tan fáciles de recordar y otros tan difíciles. Tal vez sea por eso que algunos recuerdos nos vuelven con todos los detalles y, sin embargo, otros recuerdos permanecen débiles e imprecisos.

Asimismo, quizás la razón por la que ciertas personas parecen tener una imaginación más activa, un mayor potencial creativo, sea que sus mentes son más hábiles para acceder y explorar este reino cuántico de posibilidades. Tal vez mediante el entrenamiento, la concentración y el tipo correcto de enfoque, todos podamos aprender a aprovechar este potencial y desbloquear nuestras propias habilidades creativas únicas. Y si ese es el caso, entonces nuestra capacidad de imaginación no es simplemente algo con lo que nacemos, sino un potencial que existe dentro de todos nosotros. Como el autor Gabriel García Márquez observó sabiamente: "La memoria no es un registro pasivo del pasado, sino una creación activa del presente". Esto destaca que nuestros recuerdos están siempre conectados a nuestra experiencia actual, y no son una grabación estática, lo que significa que nuestro pasado, presente y futuro están interconectados.

La idea de que la memoria y la imaginación están influenciadas por la mecánica cuántica podría sonar descabellada, pero también conduce a algunas posibilidades profundas, no solo sobre cómo nos entendemos a nosotros mismos, sino también sobre cómo podemos desbloquear todo nuestro potencial humano. El camino para comprender verdaderamente

El Código Creativo: Cómo la Física Cuántica Desbloquea el Potencial de Nuestro Cerebro

nuestro código creativo nos exige explorar no solo lo que nuestros cerebros pueden hacer, sino también cómo nuestras mentes interactúan con el mundo cuántico.

Y así, a medida que profundizamos en esta exploración, se hace evidente que la mente humana no es solo un contenedor de conocimiento, o un procesador de información, sino también un paisaje cuántico vibrante y en constante cambio donde la memoria y la imaginación interactúan para crear nuestra propia realidad personal. Y si tenemos una comprensión más profunda de este proceso cuántico, entonces no solo podemos aprender a entender mejor nuestro pasado, sino que también podemos aprender a imaginar el futuro que nos gustaría crear.

Kendir Ramiz

Conexión y la Conciencia

Nuestra exploración hasta ahora nos ha llevado a profundizar en la potencial naturaleza cuántica de la computación, la percepción, la memoria y la imaginación. Pero la experiencia humana no se trata solo de la conciencia individual; está profundamente arraigada en nuestra capacidad de conectarnos con los demás, de compartir nuestros pensamientos, emociones y experiencias. Este sentido de conexión es lo que nos convierte en una especie y, quizás, también esté profundamente entrelazado con la naturaleza cuántica de nuestras mentes. Esto me lleva a preguntarme, ¿son nuestras conexiones con los demás simplemente el resultado de las actividades cerebrales o hay algo más?

El Código Creativo: Cómo la Física Cuántica Desbloquea el Potencial de Nuestro Cerebro

Las visiones tradicionales de la interacción humana a menudo se centran en el intercambio de información a través del lenguaje, los gestos y las expresiones faciales. Nos vemos como individuos, con nuestras propias mentes y experiencias separadas. Y esta percepción está tan arraigada en nosotros que sentimos que nunca podemos comprender verdaderamente lo que está sucediendo en la mente de otra persona. Sin embargo, cuando observamos el mundo de la mecánica cuántica, encontramos algo bastante diferente, una interconexión completamente inesperada. Tal vez, cuando tratemos de entender nuestra propia conexión humana desde una perspectiva cuántica, podamos obtener nuevas ideas sobre cómo nuestras mentes están conectadas entre sí.

Piensa en aquellos momentos en los que te sientes profundamente conectado con otra persona, un momento en el que sientes que realmente comprendes por lo que está pasando, casi como si pudieras leer sus pensamientos. Hay una sensación de facilidad, una sensación de fluidez, una sensación de armonía que es muy difícil de explicar utilizando nuestra forma clásica habitual de describir nuestras relaciones. ¿Es posible que en esos momentos nuestras mentes estén experimentando un tipo de entrelazamiento cuántico, donde nuestros pensamientos, emociones y quizás incluso nuestra conciencia, se entrelazan?

La idea del entrelazamiento, como exploramos anteriormente, sugiere que dos partículas cuánticas pueden estar vinculadas de tal manera que compartan el mismo destino, incluso cuando están separadas por grandes distancias. ¿Qué pasa si nuestros cerebros también son capaces de crear tales vínculos, especialmente durante los momentos de profunda conexión? Por supuesto, esta es una idea de gran alcance. Pero cuando vemos lo profundamente conectados que estamos entre nosotros, esto no parece tan descabellado. Tal vez nuestra conciencia no sea un fenómeno puramente individual, sino algo que está profundamente interconectado y entrelazado con otras mentes.

El Código Creativo: Cómo la Física Cuántica Desbloquea el Potencial de Nuestro Cerebro

Esta posibilidad también desafía nuestra comprensión de la conciencia misma. Durante siglos, la conciencia se ha visto como algo que surge de la actividad del cerebro individual. Pero si la mecánica cuántica nos ha enseñado algo, es que el mundo no está tan separado y distinto como habíamos pensado. Tal vez la conciencia misma no sea un evento singular, sino un fenómeno más amplio que está profundamente conectado con todas las demás mentes. Como el filósofo Alan Watts expresó elocuentemente: "Eres una función de lo que todo el universo está haciendo de la misma manera que una ola es una función de lo que todo el océano está haciendo." Esta profunda declaración apunta a una profunda interconexión de todas las cosas. Y tal vez nuestras mentes individuales sean parte de una conciencia cósmica mayor.

Esto me lleva a la idea de que la conciencia humana podría no ser solo el producto de cerebros individuales, sino una especie de campo cuántico que nos conecta a todos. Tal vez nuestras mentes individuales no estén tan separadas como tendemos a creer. Tal vez en momentos de gran creatividad, cuando artistas, científicos o inventores presentan ideas novedosas, están aprovechando este campo de conciencia cuántica y extrayendo de una fuente de conocimiento que es mucho mayor que ellos mismos. Y si esto es cierto, entonces el potencial de la mente humana es mucho mayor de lo que tendemos a imaginar.

Considera el poder de la creatividad colectiva, la forma en que grupos de personas pueden colaborar para crear algo verdaderamente extraordinario. La experiencia de improvisar con otros músicos, improvisar en el escenario, puede sentirse como si estuvieras aprovechando una fuente compartida de inspiración, algo que es mucho mayor que la suma de cada parte individual. ¿Podría esto también estar relacionado con un tipo de entrelazamiento cuántico, una conexión que trasciende nuestras limitaciones individuales y crea algo verdaderamente nuevo y único?

El Código Creativo: Cómo la Física Cuántica Desbloquea el Potencial de Nuestro Cerebro

El poder de la experiencia compartida y la conexión es algo que todos hemos sentido. La experiencia de leer un libro que te conmueve profundamente, o ver una película que cambia tu perspectiva de la vida, o escuchar una pieza de música que parece hablar directamente a tu alma, son ejemplos de conexión humana que van mucho más allá del simple intercambio de información. Tal vez, nuestros cerebros se estén sintonizando con estados cuánticos similares cuando participamos en experiencias compartidas, y tal vez es a través de estas experiencias compartidas que podemos desbloquear una comprensión mucho más profunda de nosotros mismos, de los demás y del mundo que nos rodea.

Y si nuestras conexiones humanas están de hecho entrelazadas con la naturaleza cuántica de nuestras mentes, esto tiene profundas implicaciones no solo para cómo entendemos la creatividad, sino también para cómo creamos estructuras sociales, gobiernos e incluso sociedades. El potencial para la humanidad se vuelve infinitamente mayor cuando nos vemos mutuamente, no como individuos, sino como una extensión de nosotros mismos. Todos estamos conectados. Todos compartimos el mismo potencial, y solo podemos alcanzar nuestro potencial más elevado juntos.

Es en estos momentos de profunda conexión humana donde estoy más convencido de que nuestros cerebros están profundamente conectados con el mundo cuántico y de que no somos solo observadores de este mundo, sino participantes activos en darle forma. Y tal vez este potencial para la conexión humana profunda también esté relacionado con nuestro potencial para la creatividad y para el descubrimiento de formas de pensar y ser completamente nuevas e innovadoras.

Esto también significa que el viaje para comprender nuestro potencial creativo no es solo un viaje de nuestras mentes, sino también un viaje de nuestros seres colectivos. Es un viaje que inevitablemente nos acercará más entre nosotros y más al centro de nuestra propia humanidad. Y si tenemos suerte, podremos crear

El Código Creativo: Cómo la Física Cuántica Desbloquea el Potencial de Nuestro Cerebro

un mundo más justo, más creativo, más sostenible y más hermoso, donde todos podamos prosperar.

Kendir Ramiz

Incertidumbre y el Proceso Creativo

Nuestra exploración del cerebro cuántico nos ha llevado a los mismos límites de lo que sabemos sobre la naturaleza de la realidad. Hemos considerado la posibilidad de que nuestros pensamientos, percepciones, recuerdos y conexiones entre nosotros puedan estar influenciados por las leyes extrañas y, a veces, paradójicas de la mecánica cuántica. Pero cuanto más profundo profundizo en estas posibilidades, más me enfrento al papel crucial que desempeña la incertidumbre en todo el proceso creativo. En el mundo cuántico, nada está fijo, nada es seguro, y es en este ámbito de infinitas posibilidades donde debemos aprender a vivir y a crear.

El Código Creativo: Cómo la Física Cuántica Desbloquea el Potencial de Nuestro Cerebro

Las visiones tradicionales de la creatividad a menudo enfatizan la planificación, la estructura y el control. Pensamos que para crear, primero debemos tener un plan, un método y un objetivo bien definido. Pero, ¿qué pasa si las ideas más innovadoras y originales provienen de un lugar de incertidumbre, de la voluntad de dejar de lado estas ideas preconcebidas y aventurarse en lo desconocido? Es como si, cuando intentamos planificar todos los aspectos del proceso creativo, estuviéramos poniendo límites artificiales a nuestro propio potencial, y podríamos estar cerrándonos a algunas posibilidades muy importantes. Esto me recuerda las palabras de la brillante coreógrafa Martha Graham, quien una vez dijo: "Lo principal es ser movido, amar, esperar, temblar, vivir". Esta cita apunta a la idea de que las emociones, y el dejarse llevar, podrían ser incluso más importantes que la razón y la planificación cuando se trata de creatividad. Tal vez, la mayor creatividad provenga del corazón y no de la cabeza.

Kendir Ramiz

En el mundo cuántico, el principio de incertidumbre, como discutimos anteriormente, es una parte fundamental de la realidad. No podemos conocer la posición y el momento de una partícula subatómica con total precisión, y esta incertidumbre inherente parece ser parte de la naturaleza del universo. Tal vez este concepto de incertidumbre sea también un principio rector en nuestro proceso creativo, y tal vez las soluciones más innovadoras solo surjan cuando dejamos de lado la necesidad de certeza, cuando aprendemos a navegar por este laberinto cuántico de infinitas posibilidades.

Cuando intentamos controlar todos los aspectos del proceso creativo, estamos limitando nuestras mentes al ámbito de lo conocido, a lo que ya se ha pensado y a lo que ya esperamos. Quizás, si queremos crear ideas verdaderamente originales, entonces debemos permitir que nuestras mentes operen en un ámbito de incertidumbre, un lugar donde nuestra conciencia se vuelva fluida y abierta a nuevas posibilidades. Es casi como si la necesidad de control fuera precisamente lo

El Código Creativo: Cómo la Física Cuántica Desbloquea el Potencial de Nuestro Cerebro

que nos impide alcanzar nuestro verdadero potencial creativo.

Considera aquellos momentos en los que un escritor experimenta el "bloqueo del escritor", un período en el que su pozo creativo parece secarse. Esto puede deberse al miedo a lo desconocido, al miedo a no tener las palabras o ideas correctas. Tal vez, lo que se necesita en estos momentos no es más estructura, más planificación, sino más bien, la voluntad de abrazar la incertidumbre, de confiar en que surgirán nuevas ideas, de simplemente sentarse con lo desconocido hasta que aparezca una chispa creativa desde dentro. Es como si tuviéramos que aprender a sentirnos cómodos en este laberinto cuántico de incertidumbre, para que podamos experimentar la alegría de la creación.

Del mismo modo, en el mundo de la ciencia y la tecnología, los avances más importantes a menudo suceden cuando los científicos están dispuestos a cuestionar los paradigmas existentes, cuando están dispuestos a desafiar la sabiduría establecida y cuando permiten que sus mentes exploren una amplia gama de posibilidades sin ideas preconcebidas. Esto requiere no solo un gran conocimiento e inteligencia, sino también una capacidad para estar abierto a nuevas ideas que provienen de lugares inesperados. Quizás sea precisamente en este espacio de incertidumbre, esta apertura a lo desconocido, donde surgen las ideas verdaderamente innovadoras.

Esto me lleva a considerar la importancia del juego en el proceso creativo. Cuando jugamos, estamos libres de las limitaciones del pensamiento rígido, permitimos que nuestras mentes divaguen, exploren y experimenten, sin preocuparnos de si vamos a tener éxito o no. Y puede ser que el juego en sí mismo sea un mecanismo vital para aprovechar el ámbito cuántico de infinitas posibilidades. Tal vez sea a través del juego que podemos aprender a usar la incertidumbre y canalizarla hacia nuestro potencial creativo.

La perspectiva cuántica sugiere que el proceso creativo no es un camino lineal y predecible, sino una especie de danza, una interacción constante entre la certeza y la incertidumbre. Hacemos uso de la planificación, la estructura y la metodología, pero también nos permitimos estar abiertos a lo inesperado, abrazar lo desconocido, dejar de lado nuestra necesidad de controlar todos los aspectos del proceso creativo. Y es dentro de esta danza de lo conocido y lo desconocido donde aprendemos a desbloquear verdaderamente todo nuestro potencial creativo.

Tal vez, la clave para navegar por este laberinto cuántico sea cultivar una especie de "mente de principiante", un enfoque que nos permita estar abiertos a nuevas posibilidades, acercarnos al mundo con una sensación de asombro y curiosidad, y dejar de lado la necesidad de saberlo todo. Porque es en estos momentos de incertidumbre que a menudo se hacen los mayores descubrimientos. Y si podemos aprender a sentirnos más cómodos con lo desconocido, entonces tal vez también podamos aprender a aprovechar todo nuestro potencial creativo.

Por lo tanto, el viaje para comprender nuestro código creativo no se trata solo de comprender cómo funciona el cerebro. También se trata de aprender a navegar por el laberinto cuántico de la incertidumbre, abrazar lo desconocido y permitir que nuestras mentes exploren las infinitas posibilidades que existen dentro de nosotros y en el mundo que nos rodea. Es dentro de esta danza de lo conocido y lo desconocido, donde creo que nuestra creatividad puede florecer verdaderamente. Y si estamos abiertos a las posibilidades, entonces los resultados pueden ser verdaderamente notables.

El Código Creativo: Cómo la Física Cuántica Desbloquea el Potencial de Nuestro Cerebro

Los Caminos Cuánticos hacia la Transformación

Nuestro viaje a través de la potencial naturaleza cuántica de la mente nos ha llevado a explorar los ámbitos de la percepción, la memoria, la imaginación, la conexión y la creatividad. Pero el verdadero valor de esta exploración no reside solo en comprender cómo funcionan nuestras mentes, sino en descubrir cómo este conocimiento puede generar una transformación real en nuestras vidas. La idea de que nuestros cerebros pueden estar profundamente conectados con el ámbito cuántico abre nuevas posibilidades para el crecimiento personal, para la curación y para desbloquear todo nuestro potencial humano. Esto me lleva a considerar, ¿cómo puede nuestra comprensión de la mecánica cuántica cambiar la forma en que llevamos nuestras vidas?

Kendir Ramiz

Los enfoques tradicionales de la transformación personal a menudo se centran en cambiar nuestros comportamientos, nuestros pensamientos y nuestras creencias. Se nos anima a establecer metas, a desarrollar nuevos hábitos y a desafiar nuestras creencias limitantes. Si bien estos enfoques pueden ser efectivos, a menudo se sienten como si estuviéramos trabajando en la superficie, lidiando solo con los efectos de nuestros problemas y no con sus causas subyacentes. Tal vez una perspectiva cuántica pueda ayudarnos a acceder a niveles más profundos de transformación, permitiéndonos crear un cambio real y duradero en nosotros mismos y en el mundo que nos rodea.

Cuando pensamos en el mundo cuántico, nos damos cuenta de que nada está escrito en piedra, nada está fijo. Las partículas pueden existir en múltiples estados simultáneamente, y nuestras acciones como observadores juegan un papel clave en la configuración de la realidad. Si traducimos esto a nuestra propia

El Código Creativo: Cómo la Física Cuántica Desbloquea el Potencial de Nuestro Cerebro

experiencia, entonces quizás esto signifique que nuestras propias vidas no están predeterminadas, que nuestros hábitos no son fijos y que tenemos la capacidad de crear una realidad nueva y mejor para nosotros mismos. Esta idea, de que no somos fijos, sino que estamos en constante cambio, es el punto de partida de nuestro viaje hacia la transformación personal.

Piensa en esos momentos de tu vida en los que has experimentado una verdadera transformación, un momento en el que cambiaste la forma en que ves el mundo. ¿Qué te permitió hacer ese cambio? A menudo no es solo una simple decisión, sino una experiencia profunda que toca el centro mismo de quienes somos. Tal vez sea a través de estas intensas experiencias que creamos nuevas vías neuronales en nuestro cerebro, nuevas formas de experimentar el mundo, que reflejan la naturaleza cuántica de nuestras mentes. Y tal vez, lo que llamamos "transformación" sea en realidad un cambio en el estado cuántico de nuestro cerebro.

Kendir Ramiz

Quizás nuestro mayor desafío sea que nos han enseñado a vernos a nosotros mismos como muy limitados, como fijos en nuestras capacidades y nuestro potencial. Quizás el mayor desafío de nuestras vidas sea ver que estas limitaciones son autoimpuestas y que podemos superarlas cambiando la forma en que nos relacionamos con nuestro mundo y con nosotros mismos. Como escribió la poetisa Mary Oliver: "Dime, ¿qué planeas hacer con tu única vida salvaje y preciosa?" Esta pregunta nos invita a reflexionar sobre cómo queremos moldear nuestra propia existencia, cómo queremos usar nuestro tiempo limitado en este planeta para marcar la diferencia. Tal vez, nuestro mayor potencial resida en nuestra capacidad de cambiar y crecer, y de aprovechar las infinitas posibilidades de lo que podría ser.

El mundo cuántico también nos dice que nuestras acciones tienen efectos de onda, que todo está interconectado. Si actuamos desde un lugar de amor, compasión y bondad, tenemos una influencia positiva en nosotros mismos y en el mundo que nos rodea. Del

El Código Creativo: Cómo la Física Cuántica Desbloquea el Potencial de Nuestro Cerebro

mismo modo, si actuamos desde un lugar de miedo, ira y resentimiento, solo estamos creando más sufrimiento para nosotros mismos y para quienes nos rodean. Y tal vez, si entendemos estos efectos en el ámbito cuántico, podamos elegir mejor cómo actuamos en el mundo. Y si es cierto que todos estamos interconectados, entonces tal vez la transformación no sea un viaje individual, sino un viaje que todos debemos emprender juntos.

Esta comprensión también cambia la forma en que vemos la curación, particularmente en el contexto de nuestro bienestar físico y mental. Si nuestras mentes están interactuando con el ámbito cuántico, entonces tal vez el proceso de curación no se trata solo de arreglar lo que está roto, sino también de alinear nuestro estado cuántico para permitir que la curación se produzca desde dentro. Si nuestro estado físico y mental está entrelazado con nuestro estado cuántico, entonces tal vez cambiar el estado cuántico pueda tener una influencia positiva en nuestra salud y bienestar.

Kendir Ramiz

Por lo tanto, el camino cuántico hacia la transformación implica no solo cambiar nuestros pensamientos y creencias, sino también cambiar la forma en que interactuamos con el mundo cuántico que nos rodea. Nos invita a dejar de lado la necesidad de control, a abrazar la incertidumbre, a vivir desde un lugar de amor y compasión, y a alinear nuestras acciones con nuestras intenciones más elevadas. Nos invita a vernos a nosotros mismos, no como individuos limitados y separados, sino como partes interconectadas de un campo cuántico mucho mayor. Y si podemos abrazar esta perspectiva cuántica, entonces podemos desbloquear un nivel de transformación que va más allá de todo lo que hemos experimentado. Es un viaje que nos llama a ser nuestra mejor versión y a ver nuestras vidas como una obra de arte en progreso.

Y quizás la lección más poderosa que podemos aprender del mundo cuántico es que nuestro mayor poder no reside en nuestra capacidad de controlar las cosas, sino en nuestra capacidad de influenciarlas, darles forma y crear una nueva realidad para nosotros mismos y para el mundo que nos rodea. Este potencial no es solo para unos pocos individuos elegidos, sino que está disponible para todos nosotros. Todo lo que requiere es que nos abramos a las posibilidades cuánticas y nos permitamos transformarnos en quienes estamos destinados a ser. Es un viaje que requiere coraje, curiosidad y, sobre todo, la profunda creencia de que una mejor versión de nosotros mismos y de nuestro mundo es posible.

Kendir Ramiz

El Legado Cuántico: Dando Forma a un Futuro Creativo

A medida que nos acercamos a la conclusión de nuestra exploración, se hace evidente que el viaje para comprender la naturaleza cuántica de la mente no es solo un esfuerzo científico. Es un viaje cultural, filosófico y profundamente personal que tiene profundas implicaciones sobre cómo creamos nuestro futuro. Comprender la interconexión de nuestras mentes, nuestra capacidad de transformación creativa y nuestra capacidad de influir en la realidad misma a través de nuestras acciones, nos coloca en una posición única para dar forma a un futuro que sea más creativo, más compasivo y más alineado con nuestro máximo potencial humano. Esto me lleva a considerar, ¿qué tipo de futuro estaremos creando ahora que tenemos una comprensión más profunda de nosotros mismos y del mundo?

El Código Creativo: Cómo la Física Cuántica Desbloquea el Potencial de Nuestro Cerebro

Los enfoques tradicionales para crear el futuro a menudo se han centrado en la tecnología, la eficiencia y el crecimiento económico. A menudo imaginamos un futuro que se basa puramente en nuevas tecnologías que han resuelto todos nuestros problemas actuales. Sin embargo, estoy empezando a creer que un futuro verdaderamente significativo no se trata solo de la innovación tecnológica, sino de nuestra capacidad para aprovechar nuestro potencial creativo, construir comunidades más compasivas y abrazar la interconexión de la vida. Y en este proceso, la visión cuántica del mundo se convierte en un componente esencial de cómo abordamos nuestras vidas.

Si nuestras mentes son capaces de acceder a un ámbito cuántico de posibilidades, esto abre un potencial infinito para la innovación y la creación. Tal vez las soluciones a muchos de nuestros problemas actuales ya existan, y es solo a través de nuestras habilidades creativas e imaginativas que podemos descubrirlas. Tal vez nuestra capacidad de imaginar sea mucho mayor de lo que tendemos a creer, y si tan solo aprendemos a aprovecharla por completo, podremos encontrar las soluciones que estamos buscando.

Esto significa que nuestros sistemas educativos, nuestros lugares de trabajo y nuestras comunidades deberían fomentar la creatividad, alentar la exploración y nutrir el potencial único de cada individuo. No se trata simplemente de enseñar a nuestros hijos una serie de hechos e información. Más bien, debemos enseñar a nuestros hijos cómo cuestionar, cómo imaginar y cómo abordar el mundo desde un lugar de curiosidad y asombro. Y al hacerlo, les estamos enseñando cómo aprovechar su propio potencial único y cómo convertirse en las mejores versiones de sí mismos.

Esto también tiene implicaciones sobre cómo diseñamos nuestras estructuras sociales y nuestros gobiernos. Si entendemos que todos estamos interconectados, entonces se hace evidente que nuestras estructuras sociales deben basarse en principios de equidad, igualdad y justicia. Necesitamos crear sociedades que empoderen a todos sus miembros, no solo a unos pocos selectos. La visión cuántica del mundo nos recuerda que todos somos parte de una familia humana y que solo podemos alcanzar la verdadera grandeza si trabajamos juntos para construir un futuro mejor para todos.

Esto también significa que debemos ser más conscientes del impacto de nuestras acciones en el mundo que nos rodea. Necesitamos alejarnos de la idea de que estamos separados de la naturaleza y abrazar el hecho de que somos parte de la red de la vida. Necesitamos proteger nuestro medio ambiente, respetar a todos los seres vivos y construir una relación más sostenible y armoniosa con el planeta. Como observó la ambientalista Rachel Carson: "Cuanto más claramente podamos centrar nuestra atención en las maravillas y realidades del universo que nos rodea, menos ganas tendremos de destruir". Esta observación nos recuerda que es nuestra conexión con la naturaleza lo que realmente puede inspirarnos. Cuanto más aprendemos a apreciar todo lo que nos rodea, más queremos protegerlo para las generaciones futuras.

La visión cuántica también desafía nuestras ideas sobre lo que cuenta como éxito. En lugar de definir el éxito por nuestras posesiones materiales, nuestra posición social o nuestro poder económico, debemos comenzar a definir el éxito por nuestro nivel de creatividad, nuestra capacidad de compasión y nuestra contribución al bienestar del planeta. Si queremos tener un verdadero éxito, entonces debemos medir el éxito por la calidad de nuestras vidas, no por la cantidad de nuestras posesiones.

Este cambio de perspectiva también significa que debemos alejarnos del miedo y la competencia, y avanzar hacia la colaboración y el amor. Necesitamos comenzar a vernos mutuamente como socios en el viaje de la vida y abrazar la idea de que cuando uno de nosotros tiene éxito, todos tenemos éxito. Esta visión requiere que creemos comunidades donde todos se sientan valorados, donde todos sean apoyados y donde todos puedan contribuir al bienestar del conjunto. Y este es el futuro cuántico con el que sueño.

El viaje para dar forma a un futuro creativo es un viaje de transformación colectiva. Requiere que no solo comprendamos la naturaleza cuántica de la mente, sino que integremos esta comprensión en todos los aspectos de nuestras vidas. Es un viaje que nos llama a ser más creativos, más compasivos, más conectados y más conscientes de nuestra responsabilidad de crear un futuro más sostenible para todos. Y si somos capaces de abrazar esta perspectiva cuántica, entonces nuestro potencial de crecimiento es ilimitado.

Kendir Ramiz

Abrazando lo Desconocido

Nuestra exploración de la potencial naturaleza cuántica de la mente nos ha llevado al mismo horizonte de lo que sabemos y también al reino misterioso de lo que aún se desconoce. Hemos descubierto la posibilidad de que nuestros pensamientos, sentimientos y percepciones puedan estar influenciados por las extrañas leyes de la mecánica cuántica. Hemos visto cómo este conocimiento puede abrir nuevas formas de pensar sobre la creatividad, la conexión y la transformación. Pero también es importante reconocer que todavía quedan muchas preguntas sin respuesta, muchos misterios que aún no se han revelado. Esto me lleva a reflexionar, ¿qué podemos aprender de lo desconocido y cómo podemos abrazar los misterios que aún quedan?

El Código Creativo: Cómo la Física Cuántica Desbloquea el Potencial de Nuestro Cerebro

Los enfoques tradicionales del conocimiento a menudo se centran en lo que sabemos, en lo que se ha demostrado, en lo que se ha medido. El objetivo a menudo es encontrar respuestas, encontrar certeza y darle sentido al mundo. Pero el mundo cuántico desafía esta idea, nos recuerda que el universo es infinitamente más complejo, infinitamente más misterioso e infinitamente más sorprendente de lo que tendemos a creer. Cuanto más aprendemos, más nos damos cuenta de que más hay que todavía no sabemos. Quizás nuestro mayor viaje no sea solo lo que aprendemos, sino lo que descubrimos que aún no hemos aprendido.

El mundo cuántico también nos dice que la incertidumbre no es un obstáculo para el conocimiento, sino un ingrediente vital para nuestra comprensión de la realidad. Sin incertidumbre, sin la exploración de lo desconocido, sin desafiar el statu quo, no podríamos crecer, aprender o crear. Y es este abrazo de la incertidumbre lo que también nos permite crear nuevas posibilidades y nuevas formas de ser.

Kendir Ramiz

Considera la experiencia de un científico al borde de un descubrimiento. A menudo comienzan su investigación con preguntas, ideas e incluso una corazonada de que hay algo nuevo que aún no se ha descubierto. Se sumergen en lo desconocido, luchan con sus propias dudas e incertidumbres, y es solo después de explorar todas estas posibilidades que finalmente se logra un nuevo avance. Este proceso de exploración, de superar los límites de nuestra comprensión, está en el centro de todo progreso científico. Y tal vez, esta capacidad de abrazar la incertidumbre sea también la clave para liberar nuestro propio poder creativo.

Del mismo modo, cuando observamos la historia del arte y la creatividad, nos damos cuenta de que las piezas de arte más influyentes y duraderas suelen ser aquellas que desafían nuestras percepciones, que nos invitan a ver el mundo de una manera completamente nueva y que superan los límites de lo que es posible. Los artistas, cuando están en su mejor momento, no tienen miedo de aventurarse en lo desconocido. Están

El Código Creativo: Cómo la Física Cuántica Desbloquea el Potencial de Nuestro Cerebro

dispuestos a explorar las infinitas posibilidades que existen en su imaginación y utilizan su trabajo para ayudarnos a ver cosas que no habíamos visto antes.

Tal vez, la mayor lección que podemos aprender del mundo cuántico es que está bien no tener todas las respuestas. Está bien vivir en el espacio de la incertidumbre y que, de hecho, es en este espacio de no saber donde pueden surgir el mayor crecimiento, la transformación y el potencial creativo. La mente humana solo puede crecer si le permitimos aventurarse en lo desconocido. Y solo podemos comprendernos verdaderamente si estamos dispuestos a abrazar nuestra propia incertidumbre.

Esto también significa que el viaje para comprender nuestro potencial creativo no es algo que se vaya a completar. Es un viaje continuo, un proceso de exploración que no tiene fin. Cuanto más aprendemos sobre el mundo cuántico, más aprendemos sobre nosotros mismos y más nos damos cuenta de que siempre hay más que aprender. Como escribió el premio Nobel Rabindranath Tagore: "La mariposa no cuenta meses sino momentos, y tiene tiempo suficiente". Esta observación nos recuerda que el tiempo no es una entidad fija, sino algo que está moldeado por nuestra experiencia. Y esta experiencia siempre está cambiando y evolucionando.

Por lo tanto, nuestra búsqueda para comprender la naturaleza cuántica de nuestras mentes no se trata de encontrar las respuestas definitivas. Sino más bien, se trata de aprender a vivir con las preguntas, abrazar el misterio y explorar las infinitas posibilidades que existen dentro de nosotros y en el mundo que nos rodea. Es una invitación a ver la vida, no como algo fijo, determinado y predecible, sino como una danza continua y en constante evolución de creatividad y transformación.

Al llegar al horizonte cuántico, no solo debemos maravillarnos con los descubrimientos que hemos hecho, sino también abrazar las infinitas posibilidades que aún permanecen inexploradas. La verdadera belleza del mundo cuántico no reside solo en lo que sabemos, sino en lo que aún tenemos que descubrir. Y esa, creo, es la esencia de nuestro viaje humano. Un viaje de infinitas posibilidades, donde estamos moldeando constantemente, no solo a nosotros mismos, sino también al mundo en el que vivimos. Este viaje nunca termina realmente, y ahí es donde reside su verdadera belleza.

Kendir Ramiz

La Sinfonía Cuántica del Devenir

Nuestro viaje a través de la potencial naturaleza cuántica de la mente ha llegado a un punto donde las líneas entre la ciencia, la filosofía, la experiencia personal y la visión creativa comienzan a difuminarse. Hemos explorado la posibilidad de que nuestros pensamientos, percepciones, recuerdos, conexiones e incluso nuestro sentido más profundo de identidad estén entrelazados con las extrañas y a veces paradójicas leyes de la mecánica cuántica. Y al acercarnos al final de esta exploración, se hace evidente que este no es solo un viaje para comprender nuestros cerebros, sino un viaje para entender nuestro lugar en el universo. Esto me lleva a una profunda reflexión: ¿cómo podemos integrar las lecciones de la mecánica cuántica en nuestra vida cotidiana, y cómo podemos usar este conocimiento para navegar por el complejo y siempre cambiante mundo que nos rodea?

El Código Creativo: Cómo la Física Cuántica Desbloquea el Potencial de Nuestro Cerebro

Las visiones tradicionales del universo a menudo lo retratan como un sistema mecánico y determinista, gobernado por leyes fijas que operan de manera predecible. La idea misma de que el universo opera como un reloj, que si conoces la posición y el momento de todos los objetos, puedes predecir el futuro, ha estado en el centro de nuestra comprensión durante siglos. Pero la mecánica cuántica desafía esta visión, mostrándonos que el universo es mucho más fluido, más dinámico y más abierto a las posibilidades de lo que jamás imaginamos. Esta perspectiva, de que el universo no es fijo, sino un proceso continuo de devenir, tiene tremendas implicaciones sobre cómo nos vemos a nosotros mismos y nuestro potencial para el futuro.

Si nuestras mentes están influenciadas por el mundo cuántico, entonces también significa que no somos solo observadores pasivos de nuestra realidad, sino participantes activos en darle forma. No somos meros productos de nuestro entorno, sino también los creadores de nuestras propias experiencias. Esto significa que nuestros pensamientos, sentimientos, creencias y acciones influyen continuamente en la realidad que experimentamos. Y si vamos a asumir la responsabilidad de nuestras vidas, debemos abrazar también esta responsabilidad de moldearlas basándonos en cómo vemos nuestro mundo. El mundo que vemos a nuestro alrededor es un reflejo de lo que está sucediendo dentro de nuestras mentes, y esta conexión con el mundo requiere que seamos más conscientes de lo que estamos creando.

Esto me lleva a considerar cómo la idea de un cerebro cuántico desafía la noción misma del "yo". A menudo nos percibimos como seres separados y autónomos, con nuestros propios pensamientos, emociones y deseos únicos. Pero la perspectiva cuántica sugiere que estamos mucho más interconectados, que nuestra individualidad está entrelazada con el todo mayor. Quizás nuestro propio sentido del "yo" sea una ilusión, y no seamos individuos, sino expresiones de una conciencia universal que impregna toda la realidad. Como observó el filósofo Carl Jung: "El encuentro de dos personalidades es como el contacto de dos sustancias químicas: si hay alguna reacción, ambas se transforman". Esta observación nos recuerda que todos estamos influenciados por nuestras interacciones con los demás y que, por tanto, la noción de un yo singular puede no ser una visión completamente precisa de la realidad.

Esta posibilidad también desafía nuestra forma habitual de pensar sobre lo que significa ser humano. Si no somos solo individuos, sino partes interconectadas de un campo cuántico de conciencia, esto nos impone una nueva responsabilidad de actuar de manera beneficiosa no solo para nosotros mismos sino también para los demás. Lo que esta visión exige es un cambio profundo en nuestros valores, nuestra ética y la forma en que interactuamos con el mundo. Demanda una transición de un punto de vista puramente egocéntrico a uno en el que nos preocupemos por el bienestar de todos. Exige una transformación de nuestros propios corazones y mentes.

Kendir Ramiz

Pero este cambio es algo que creo que no solo es esencial, sino que también está a nuestro alcance. Si vamos a asumir la responsabilidad de nuestras vidas, debemos abrazar nuestra conexión con el todo y actuar de maneras guiadas por el amor, la compasión y un profundo respeto por toda la vida. Si nuestras mentes están entrelazadas con todo lo que nos rodea, debemos elegir participar de formas constructivas, creativas y alineadas con lo mejor del potencial humano. Esta es la visión que tengo para el futuro de la humanidad: un futuro donde vivamos en paz entre nosotros y en armonía con el planeta.

La exploración de la mente cuántica no es solo una búsqueda científica; es un esfuerzo artístico, un proyecto creativo en el que cada uno de nosotros está invitado a participar. Las implicaciones de una mente influenciada por lo cuántico tocan todos los aspectos de nuestras vidas y depende de cada uno de nosotros entender completamente esas implicaciones y actuar en consecuencia. Esto significa que no solo debemos preocuparnos por la comprensión intelectual de los principios cuánticos, sino también integrar estas ideas en nuestros valores, acciones y decisiones. Es un viaje que exige todo nuestro compromiso, nuestro corazón y nuestra más profunda compasión.

Los sistemas de conocimiento tradicionales a menudo retratan el mundo como fijo e inmutable. Pero la mecánica cuántica revela un mundo que está siempre en movimiento, siempre en flujo, siempre evolucionando. La idea misma de que el universo está en un constante estado de devenir desafía todo lo que pensábamos saber sobre la realidad, y esta idea también desafía nuestra comprensión de nosotros mismos y de nuestro potencial de crecimiento. Si nuestra realidad está en constante evolución, nuestras mentes también deben evolucionar para enfrentar los desafíos de esta realidad cambiante.

Esto me lleva a considerar que el viaje para entender la naturaleza cuántica de la mente no es algo que vaya a terminar por completo. No se trata de encontrar todas las respuestas ni de resolver todos los misterios, sino de una exploración continua, una danza constante entre lo conocido y lo desconocido. Cuanto más descubrimos, más nos damos cuenta de que hay más por entender. Y este viaje debe ser continuo, con cada generación de la humanidad aprendiendo del pasado y explorando todas las posibilidades del futuro.

Quizás la lección más importante que la mecánica cuántica nos enseña es la importancia de abrazar lo desconocido. Cuando nos permitimos aventurarnos en territorios inexplorados y cuando abrazamos las incertidumbres de la vida, nos abrimos a nuevas posibilidades y creamos las condiciones para que se produzcan transformaciones verdaderamente significativas. A menudo es al entrar en la oscuridad que descubrimos la luz.

Quizás la lección más importante que la mecánica cuántica puede ofrecernos es la importancia de aceptar lo desconocido. Cuando nos permitimos aventurarnos en territorios inexplorados y cuando abrazamos las incertidumbres de la vida, entonces nos abrimos a

El Código Creativo: Cómo la Física Cuántica Desbloquea el Potencial de Nuestro Cerebro

nuevas posibilidades y creamos las condiciones para que se produzcan transformaciones verdaderamente significativas. A menudo, al adentrarnos en la oscuridad es que realmente descubrimos la luz.

Por lo tanto, el viaje para entender la mente cuántica no es exclusivo para científicos, filósofos o artistas; es un viaje para toda la humanidad. Es un viaje para entender nuestro potencial y nuestra capacidad para dar forma al mundo que nos rodea. Es un viaje que exige coraje, curiosidad y una profunda creencia en la posibilidad de un mundo mejor. Como dijo el visionario Buckminster Fuller: "Nunca cambias las cosas luchando contra la realidad existente. Para cambiar algo, construye un modelo nuevo que haga obsoleto el modelo existente". Esta afirmación apunta a la necesidad de crear nuevas posibilidades en lugar de luchar contra las existentes.

Esta comprensión también nos desafía a pensar en el futuro de una manera completamente nueva. Si nuestros pensamientos, sentimientos y creencias están modelando constantemente la realidad, debemos usar este poder sabiamente. Debemos usar nuestra creatividad para construir un futuro que esté alineado con nuestros ideales más elevados. Ya no es suficiente con existir pasivamente en el mundo, sino que debemos participar activamente en la creación del mundo que queremos ver.

Por lo tanto, el viaje para entender nuestro potencial creativo no se trata solo de crecimiento personal, sino de nuestra evolución colectiva como especie. Es un viaje para construir un mundo más bello, más sostenible y más compasivo donde toda la vida pueda florecer. El futuro de la humanidad depende de nosotros.

Al concluir esta exploración, me siento lleno de una profunda sensación de asombro y una fuerte creencia en nuestra capacidad de transformación creativa. El viaje que hemos emprendido no es solo una reflexión sobre la posibilidad de que nuestras mentes estén entrelazadas con el mundo cuántico, sino también una llamada a la acción, una invitación a abrazar plenamente nuestro potencial y a asumir la responsabilidad del futuro de nuestro mundo compartido. Y es dentro de este contexto que nuestras vidas individuales pueden adquirir un nuevo nivel de propósito.

Los finales tradicionales a menudo pintan una imagen de finalidad, culminación y resolución, pero la vida no es sobre la finalidad, sino un viaje continuo y siempre en evolución que nunca termina realmente. Al igual que el universo se expande constantemente, también lo hacen nuestro conocimiento, nuestra comprensión y nuestro potencial de crecimiento. Lo que consideramos el final es, en realidad, solo otro comienzo; el final de un capítulo es simplemente el comienzo del siguiente, y es al reconocer este estado constante de cambio que podemos abrazar verdaderamente la naturaleza de nuestras vidas.

Quizás la lección más profunda que podemos obtener del mundo cuántico sea la importancia de abrazar lo desconocido. Cuando nos permitimos aventurarnos en territorios inexplorados y cuando abrazamos las incertidumbres de la vida, nos abrimos a nuevas posibilidades y creamos las condiciones para que ocurran transformaciones verdaderamente significativas. A menudo es al entrar en la oscuridad que descubrimos la luz.

Por lo tanto, el viaje para entender la mente cuántica no es algo exclusivo para científicos, filósofos o artistas; es un viaje para toda la humanidad. Es un viaje para entender nuestro propio potencial y nuestra capacidad de dar forma al mundo que nos rodea. Es un viaje que requiere coraje, curiosidad y una profunda creencia en la posibilidad de un mundo mejor. Como dijo el escritor Henry Miller: "Nuestro destino nunca es un lugar, sino una nueva forma de ver las cosas". Y tal vez es en esta nueva forma de ver donde podemos encontrar el verdadero significado de nuestro propio viaje y de nuestro papel en la creación continua de nuestro universo.

La comprensión de la naturaleza cuántica de nuestra mente no es un destino final, sino un camino hacia una comprensión más profunda de nosotros mismos, de nuestra conexión con los demás y de nuestro lugar en el universo. Es una invitación a vivir nuestras vidas con más creatividad, compasión y conciencia de las infinitas posibilidades que existen dentro de nosotros.

Es un recordatorio de que nuestras vidas, al igual que un sistema cuántico, son una sinfonía de elementos interconectados, en constante evolución y siempre abiertas a nuevas posibilidades. Y cada uno de nosotros está invitado a participar en esta sinfonía continua, a tocar nuestra parte única y a contribuir a la belleza y maravilla del mundo. Que la música continúe.

www.ingramcontent.com/pod-product-compliance
Lightning Source LLC
Chambersburg PA
CBHW071102240526
45471CB00016B/2400